GW00728164

Yoyo sin miedo

A LA
ORILLA
DEL VIENTO

Primera edición en francés, 1995
Primera edición en español, 2000
Quinta reimpresión, 2010

Heitz, Bruno
Yoyo sin miedo / Bruno Heitz ; ilus. de Manuel Monroy ; trad. de Diana Luz Sánchez. — México : FCE, 2000.
33 p. : ilus. ; 19 × 15 cm — (Colec. A la Orilla del Viento)
Título original Jojo sans peur
ISBN 978-968-16-6232-5

1. Literatura Infantil I. Monroy, Manuel, il. II. Sánchez, Diana Luz, tr. III. Ser. IV. t.

LC PZ7 Dewey 808.068 H757y

Distribución en Latinoamérica y Estados Unidos

Título original: *Jojo sans peur*

Publicado por acuerdo con Editions Circonflexe, París
ISBN 2-87833-154-0

Carretera Picacho-Ajusco, 227; 14738 México, D. F.
www.fondodeculturaeconomica.com
Empresa certificada ISO 9001: 2008

Editor: Daniel Goldin
Diseño: Joaquín Sierra Escalante
Dirección artística: Mauricio Gómez Morin

Comentarios: librosparaninos@fondodeculturaeconomica.com
Tel. (55)5449-1871 Fax (55)5449-1873

ISBN 978-968-16-6232-5

Impreso en México • *Printed in Mexico*

Yoyo sin miedo

BRUNO HEITZ

ilustrado por

MANUEL MONROY

traducción

DIANA LUZ SÁNCHEZ

◆ YOYO nunca temblaba de miedo.

Podía temblar de frío…

…o de risa,

pero nunca de miedo.

Su papá le tenía miedo a los policías.

Su mamá al dentista.

Sus compañeros le temían al coco,
a la maestra y a la oscuridad;
pero él jamás.

Desde el trampolín,
donde a todos les da miedo,
él se arrojaba como pato al agua.

Cuando los demás temblaban como gelatinas por no haber hecho la tarea,

él seguía tan campante.

Sólo se le ponía la carne de gallina cuando dejaban la puerta abierta.

"El miedo te hace salir volando",
leyó un día en una terrible historia
de bandidos.

"¡Qué suerte tienen los miedosos;
pueden volar!"

Yoyo trató de asustar a todo tipo de animales para ver si levantaban el vuelo.

A los gatos…

…a los perros,

a los hámsters y a los peces dorados,

pero ninguno voló.

Un día le dio un susto a su mamá.

Sólo recibió un regaño,

pero de volar… nada.

Sus padres estaban preocupados.

–Mientras no sepa lo que es el miedo, este niño seguirá siendo insoportable.

Un día, mientras Yoyo estaba en la escuela,
se disfrazaron:

su papá de Drácula, su mamá de bruja.

Cuando Yoyo regresó por la tarde,
no le asustaron esos espantajos.

–¿Dónde están mis papás?

Drácula rió burlonamente,

la bruja carraspeó,
tosió y dijo con voz muy aguda:

–¿Tus papás? Los convertí en lagartijas.

"¿En lagartijas?"

La idea no le desagradó
a Yoyo, en un principio.

Pero de pronto recordó

que en la mañana le había arrancado
la cola a uno de esos bichos,
sólo para asustarlo.

Yoyo se puso verde de espanto.
¿Qué tal si había cortado en dos
a su papá o a su mamá?

Drácula se desdraculizó y la bruja se desembrujó

para tranquilizar a Yoyo.

Desde que supo lo que es el miedo,
Yoyo respeta a los animales
y ya no le divierte asustarlos.

El miedo te hace salir volando;
pero no te hace volar

…¡ni siquiera al hijo de Drácula!..◆

Yoyo sin miedo, de Bruno Heitz,
núm. 141 de la colección A la Orilla del Viento,
se terminó de imprimir y encuadernar en julio de 2010
en Impresora y Encuadernadora Progreso, S. A. de C. V. (IEPSA),
Calzada San Lorenzo, 244; 09830 México, D. F.
El tiraje fue de 2 500 ejemplares.

para los que están aprendiendo a leer

La ovejita negra

de Elizabeth Shaw

—Esa oveja negra no me obedece —se quejaba Polo, el perro ovejero del pastor—. ¡Y piensa demasiado! Las ovejas no necesitan pensar. ¡Yo pienso por ellas!

Una tarde, de pronto, comenzó a nevar; las ovejas estaban solas.

Y ¿a cuál de ellas se le ocurrió qué hacer para resguardarse del frío durante la noche?

¡A la ovejita negra!

Elizabeth Shaw nació en Irlanda en 1920. Escribió e ilustró muchos libros para niños y jóvenes. Murió en Alemania en 1993.

para los que están aprendiendo a leer

Un montón de bebés
de Rose Impey
ilustraciones de Shoo Rayner

La señora Sincola tenía tantos hijos que no sabía qué hacer.

Tenía treinta y un bebés.

Un día le dijo a su marido:

—Cuidar bebés es un trabajo muy pesado

—No tanto como enseñar, querida.

—Tal vez deberíamos cambiar por un día. Y así veremos cuál trabajo es más pesado.

—Muy bien —respondió su marido.

Y eso hicieron…

Rose Impey trabajó como maestra y también cuidando bebés. Le gusta leer sus cuentos en escuelas y bibliotecas. Vive en Leicester, Inglaterra.

para los que están aprendiendo a leer

La peor señora del mundo
de Francisco Hinojosa
ilustraciones de Rafael Barajas 'el fisgón'

En el norte de Turambul había una vez una señora que era *la peor señora del mundo*. A sus hijos los castigaba cuando se portaban bien… y cuando se portaban mal.

Los niños del vecindario se echaban a correr en cuanto veían que ella se acercaba. Lo mismo sucedía con los señores y las señoras y los viejitos y las viejitas y los policías y los dueños de las tiendas.

Hasta que un día sus hijos y todos los habitantes del pueblo se cansaron de ella y decidieron hacer algo para poner fin a tantas maldades.

Francisco Hinojosa es uno de los más versátiles autores mexicanos para niños. Ha publicado en esta colección **Aníbal y Melquiades, La fórmula del doctor Funes** ***y*** **Amadís de anís… Amadís de codorniz.**

para los que están aprendiendo a leer

Bety resuelve un misterio
de Michaela Morgan
ilustraciones de Ricardo Radosh

A Bety le gusta ser útil. Un día, limpiando la selva, se encuentra una lupa.

"Ajá", piensa. "Voy a convertirme en una detective estrella. Sólo me falta un misterio."

Y se pone en marcha…

Michaela Morgan es una autora inglesa a quien, además de escribir, le gusta mucho trabajar con niños.